EXAMPRESS®

システム監査技術者
平成26年度
午後 過去問題集

落合 和雄 著

本書内容に関するお問い合わせについて

このたびは翔泳社の書籍をお買い上げいただき、誠にありがとうございます。弊社では、読者の皆様からのお問い合わせに適切に対応させていただくため、以下のガイドラインへのご協力をお願い致しております。下記項目をお読みいただき、手順に従ってお問い合わせください。

●ご質問される前に

弊社Webサイトの「正誤表」をご参照ください。これまでに判明した正誤や追加情報を掲載しています。

正誤表　http://www.shoeisha.co.jp/book/errata/

●ご質問方法

弊社Webサイトの「刊行物Q&A」をご利用ください。

刊行物Q&A　http://www.shoeisha.co.jp/book/qa/

インターネットをご利用でない場合は、FAXまたは郵便にて、下記"翔泳社 愛読者サービスセンター"までお問い合わせください。
電話でのご質問は、お受けしておりません。

●回答について

回答は、ご質問いただいた手段によってご返事申し上げます。ご質問の内容によっては、回答に数日ないしはそれ以上の期間を要する場合があります。

●ご質問に際してのご注意

本書の対象を越えるもの、記述個所を特定されないもの、また読者固有の環境に起因するご質問等にはお答えできませんので、予めご了承ください。

●郵便物送付先およびFAX番号

送付先住所　　〒160-0006　東京都新宿区舟町5
FAX番号　　　03-5362-3818
宛先　　　　　（株）翔泳社 愛読者サービスセンター

※ 著者および出版社は、本書の使用による情報処理技術者試験合格を保証するものではありません。
※ 本書に記載されたURL等は予告なく変更される場合があります。
※ 本書の出版にあたっては正確な記述につとめましたが、著者や出版社のいずれも、本書の内容に対してなんらかの保証をするものではなく、内容やサンプルに基づくいかなる運用結果に関してもいっさいの責任を負いません。
※ 本書に掲載されているサンプルプログラムやスクリプト、および実行結果を記した画面イメージなどは、特定の設定に基づいた環境にて再現される一例です。
※ 本書では ™、®、© は割愛させていただいております。

平成26年度

システム監査技術者

平成26年度 午後Ⅰ	問1	4
	問2	13
	問3	23
平成26年度 午後Ⅱ	問1	32
	問2	41

午後Ⅰ 問1

問 情報システムの保守業務の監査に関する次の記述を読んで，設問1～4に答えよ。

S社は，保険会社の情報システム子会社である。S社で運用・保守を行っているシステムの種類は多く，ハードウェア，ミドルウェアも多岐にわたっている。一方で，親会社からは，運用・保守費用の削減を求められ，S社は保守要員を減らした。その結果，現在では，保守対象システムの多さに比べて保守要員が少ないことが，S社の課題の一つとなっている。

さらに，最近になって，保守を起因とする障害が連続して発生したこともあり，S社監査部のシステム監査チームでは，今年度の監査として，保守業務の品質確保の状況を確かめるための監査を実施することになった。

〔保守業務の状況〕

S社におけるシステムの保守業務の状況は，次のとおりである。

(1) 親会社の利用部門との調整，システムの企画・要件定義，プロジェクト管理などは，S社社員が主に担当している。プログラム開発などは，必要に応じて外部ベンダに委託している。

(2) リリースから一定の年数を経過したシステムについては，開発に携わったS社社員が担当者として一人も残っていない場合が多い。

(3) 5年以内に開発されたシステムの保守についても，費用削減のために，開発したベンダとは別のベンダに委託しているケースが多い。

(4) 開発・保守を実施する部署とは別に，全システムに共通する開発標準及び開発・保守ツールの導入・更新については，S社の開発支援チームが担当している。

(5) 保守ツールの一つとして，保守要件に伴う影響範囲の調査用ツールがある。調査用ツールは，ソースプログラム，JCL，データベース定義などに関して，項目名などから影響範囲を特定できる。

〔予備調査の実施〕

システム監査チームのT氏をリーダとして実施した予備調査の内容は，次のとおりである。

(1) 保守対象システムの内容，保守作業の状況を把握するために，表1に挙げた資料を入手した。

表1　予備調査における入手資料

資料名	内容
システム一覧	稼働中のシステム名，利用しているハードウェア，ミドルウェア，OS，開発言語，委託先，及び担当者の一覧
保守業務の作業標準及びルール	保守作業において守るべき，全システム共通の作業標準及びルールを定めた文書
保守作業マニュアル	初心者でも間違いなく作業ができるように，作業の手順などを記載したマニュアル
障害報告レポート	担当部門別・システム別の障害発生件数，障害原因，問合せ件数などの集計資料
設計書類	システムごとの基本設計書，詳細設計書，プログラム仕様書，変更管理資料などのドキュメント
引継ぎ規程	新規にシステムを開発したときに，保守担当者に引き継がれるドキュメント，引継ぎ手順などを定めた文書

(2) 保守作業マニュアルは，複数システムで共通のものもあるが，システムごとに作成されているケースが多く見られた。

(3) 障害報告レポートをレビューし，システム別・障害原因別の発生状況を確認した。その結果，同一原因によるシステム障害が何度か発生していることが分かった。

(4) 設計書・仕様書の整備状況を確認した。その結果，詳細設計書，プログラム仕様書の一部が存在しないシステム，及び最新状態に更新されていないシステムが多く見られた。

(5) 引継ぎ規程の内容を調査した。その結果，保守担当者への引継ぎに必要なドキュメントが網羅されていることを確認した。

〔本調査の実施〕

　T氏は，予備調査の結果を基にリスクを洗い出し，リスクに対するコントロールを表2のとおりまとめた。

表2　リスクとコントロール

No.	観点	リスク	コントロール
(1)	影響範囲の調査	・基本設計書, 詳細設計書などのドキュメントが不十分なので, システムの最新状態を把握するのが困難である。 ・ドキュメントに依拠した調査では, 調査漏れが発生する可能性がある。	a) ドキュメントの不備を補うために, 調査用ツールを使用する。 b) リバースツールを使用して, ソースコードからプログラム設計書を生成し, ドキュメントの不足を補う。 c) 保守用のドキュメントを順次整備していく。
(2)	テストの実施対象範囲	・テスト範囲が不十分で, 不具合が残存している可能性がある。	a) ＿＿＿＿①＿＿＿＿
(3)	障害時の対応	・障害報告書を作成していても, 障害情報を共有していないと, 障害が再発する可能性がある。	a) ＿＿＿＿②＿＿＿＿ b) 予防措置が可能なプログラムは修正しておく。
(4)	新規開発システムの保守担当者への引継ぎ	・引き継いだドキュメントが不十分だと, 保守業務を実施する際にシステムの状況を把握できない。	a) 引継ぎ規程に定められたドキュメントを作成し, 保守担当者に引き渡す。 b) ドキュメントの作成に必要な工数を, 開発時に確保する。

表2を基に監査手続書を作成し, 次のような本調査を実施した。

(1) 表2の (1) のコントロール a) について, T氏は, 保守担当者が実際に行った作業結果を記した "調査結果報告書" を査閲した。その結果, 調査範囲は調査目的によって異なるので, 保守担当者は, 担当システムに関連するライブラリをその都度指定していることが分かった。T氏は, 調査漏れを防ぐためにどのような対策を実施しているか確認した。

(2) 表2の (3) について, 委託先の責任者にヒアリングを行い, 障害時の対応結果を記した障害報告書を査閲した。最近発生していた障害の原因は, プログラム内部でもつテーブルの限界値を超えたことによる異常終了であった。障害報告書には, 障害原因や当該プログラムの対応結果が記載されていただけであうた。T氏は, 障害報告書に記載すべき項目を追加する必要があると考えた。

(3) 表2の (4) について, コントロール a) の運用状況を確認した。まず, サンプリングした幾つかのシステムについて, 保守担当者に引継ぎ済のドキュメントの網羅性を確認した。次に, 保守担当者に, 引継ぎ時におけるドキュメントの内容確認のポイントについてヒアリングした。

設問1　〔本調査の実施〕の(1) について, T氏が確認しようとした対策の具体的な内容を40字以内で述べよ。

設問2 表2の ① として，T氏が考えた具体的なコントロールの内容を45字以内で述べよ。

設問3 表2の ② に記載すべきコントロールを45字以内で述べよ。また，〔本調査の実施〕の (2) においてT氏が考えた，障害報告書に記載すべき項目を40字以内で述べよ。

設問4 〔本調査の実施〕の (3) において，T氏が保守担当者にヒアリングした，引継ぎ時におけるドキュメントの内容確認のポイントを45字以内で具体的に述べよ。

解答例・解説

●解答例（試験センター公表の解答例より）

設問1　ライブラリの指定範囲に漏れや誤りがないことを別の担当者がチェックしているか。

設問2　修正個所のテストだけでなく，修正プログラムの後続プログラムのテストも実施する。

設問3　記載すべきコントロール：同様の原因による障害が発生するおそれがないかどうかを全システムに対して調査する。

　　　　障害報告書に記載すべき項目：障害の発生原因に応じた他システムへの展開の要否及び展開を実施した結果

設問4　ドキュメントの内容に保守作業で必要な情報が網羅されていることを確認しているか。

●問題文の読み方
(1) 全体構成の把握

　最初に概要があり，保守業務の現在の状況が書かれている。その後に，予備調査の概要と本調査の実施という最近多くなっている出題パターンになっている。本調査のなかでいくつかの確認事項が記載されており，その確認事項に関連する記載が表及び予備調査の概要に書かれているパターンがほとんどである。

(2) 問題点の整理

　すべての設問が［本調査の実施］の(1)～(3)の確認事項と表2のコントロールの内容からの出題になっている。また，そのヒントの多くが［予備調査の概要］と表2に書かれているので，これらの関連する個所を的確につかむことが，解答への第一歩になる。この対応関係を表にすると以下のようになる。

設問番号	本調査の実施実施項目	[予備調査の概要] の対応個所	表2のコントロール
1	(1)	該当なし	(1) a)
2		該当なし	(2) a)
3	(2)	(3)	(3) b)
4	(3)	(5)	(4) a)

(3) 設問のパターン

設問番号	設問のパターン	設問の型		
		パターンA	パターンB	パターンC
設問1	コントロールの指摘	◎		
設問2	コントロールの指摘	◎		
設問3	コントロールの指摘		◎	
設問4	監査ポイントの指摘		◎	

●設問別解説

設問1

コントロールの指摘

前提知識

システム開発に関するコントロールの基本知識

解説

　保守業務でシステムの最新状態を把握するための調査漏れを防ぐための対策を答える設問である。[本調査の実施]の(1)に,「保守担当者は,担当システムに関連するライブラリをその都度指定していることが分かった。T氏は,調査漏れを防ぐためにどのような対策を実施しているか確認した。」と書かれており,その都度ライブラリを指定することによる指定漏れを防ぐ対策を述べればよいと推測される。この指定漏れを防ぐ対策については,問題文にこれ以上のヒントがないので,一般論で答えることになる。考えられる対策の候補としては,以下のようなものが考えられる。

①別の担当者がチェックする。

②プログラムと対象ライブラリの関係表を作成して,その関係表を確認するようにする。

③対象ライブラリに必要なソースプログラムやJCLなどが含まれることをライブラリのファイル一覧を見て確認するようにする。

これらのどれにするか迷うが，一番一般的な①を選んでおくのが無難であろう。

自己採点の基準

影響調査の範囲とライブラリの指定方法に関する解答であることが分かる解答であれば，上記の②，③の内容でも正解と考えてよいであろう。

設問2

コントロールの指摘

前提知識

システム開発に関するコントロールの基本知識

解説

テスト範囲が不十分なことに関するＴ氏が考えたコントロールの内容を答える設問である。表2には「テスト範囲が不十分で，不具合が残存している可能性がある。」と書かれているので，テスト範囲が不十分にならないようなコントロールを答えればよいことはわかる。しかし，これ以上のヒントは問題文に書かれていないので，これもあとは一般論で答えることになる。考えられる解答の候補としては，次のようなものが考えられる。

①修正個所だけでなく，関連するプログラムや後続プログラムまで含めてテストを実施する。

②テスト範囲について経験豊富な人のアドバイスを受けたり，テスト範囲の妥当性について別の人がチェックする。

どれにするか迷うが，ここでもやはり最も一般的な①で答えるのが無難であろう。

自己採点の基準

テスト範囲が不十分になることを防ぐ上記の①や②の内容が書いてあれば正解と考えてよいであろう。

設問3

コントロールの指摘

前提知識

システム開発に関するコントロールの基本知識

解説

障害再発の可能性を防ぐためのコントロールとそれに関連して障害報告書に記載

すべき項目を答える設問である。表2に「障害報告書を作成していても，障害情報を共有していないと，障害が再発する可能性がある。」という記述があるので，この再発を防止するコントロールを答えればよいことがわかる。これに関連する記述を問題文から探すと，［予備調査の実施］の（3）に「障害報告レポートをレビューし，システム別・障害原因別の発生状況を確認した。その結果，同一原因によるシステム障害が何度か発生していることが分かった。」という記述が見つかる。したがって，同一原因によるシステム障害を防ぐコントロールを考えればよいことがわかる。表2の（3）のコントロールのb）に「予防措置が可能なプログラムは修正しておく。」という記述があるが，これを行うためには事前にどのプログラムに対して予防措置を講ずるか調べる必要がある。これらを総合すると，「同様の原因による障害が発生するおそれがないかどうかを全システムに対して調査する。」という解答にたどり着く。

　次に，障害報告書に記載すべき項目であるが，これに関しては［本調査の実施］の（2）に「最近発生していた障害の原因は，プログラム内部でもつテーブルの限界値を超えたことによる異常終了であった。障害報告書には，障害原因や当該プログラムの対応結果が記載されていただけであった。」という記述がある。これから，障害原因や当該プログラムの対応結果以外の同一障害の発生を防ぐための記載を考えればよいことがわかる。つまり，その障害の対応結果だけでなく，それが他のシステムにも展開することの要否やその展開を実施した結果を記載すればよいことがわかる。

自己採点の基準

　コントロールに関しては，同様の原因による障害が発生する可能性について他のシステムも含めて調査することを述べていれば正解とする。記載項目に関しては，他システムにも同様な対策をとる必要があるかどうかに関しての記載があれば正解と考えてよいであろう。

設問4
監査ポイントの指摘

前提知識
システム開発に関するコントロールの基本知識

解説

　引継ぎ時におけるドキュメントの内容確認のポイントを述べる設問である。［予備調査の実施］の（5）に，「引継ぎ規程の内容を調査した。その結果，保守担当者へ

の引継ぎに必要なドキュメントが網羅されていることを確認した。」と書かれており，引継ぎドキュメントに関する規定はきちんとしており，引継ぎドキュメントの網羅性の整備状況については問題ないことがわかる。次に，［本調査の実施］の（3）に，「サンプリングした幾つかのシステムについて，保守担当者に引継ぎ時におけるドキュメントの網羅性を確認した。」と書かれており，ドキュメント自体の網羅性については確認済みであることがわかる。したがって，確認しなくてはいけないのは，ドキュメントの内容の網羅性であることがわかる。つまり，ドキュメントの内容に保守作業で必要な情報が網羅されていることを確認することを挙げればよいことがわかる。

自己採点の基準

保守作業で必要な情報が網羅されていることを確認することが述べられていれば正解とする。

午後Ⅰ 問2

問 予算管理システムのプロジェクト計画及び要件定義の監査に関する次の記述を読んで，設問1〜5に答えよ。

　X社は，様々な生活用品を製造し，卸業者やスーパマーケットなどに販売している。X社では，現在，会計システムの一部の機能（予算管理機能）を利用して予算管理を行っているが，詳細な予算・実績管理ができず，十分に役立っていない。そこで，経営者から予算管理の強化が求められ，新たに予算管理システムを構築することになった。X社において，広範囲な利用者を対象とした情報系のシステムを構築するのは初めてなので，導入目的を達成できるように利用者の立場に立って，慎重に検討する必要がある。この開発プロジェクトがプロジェクト計画及び要件定義フェーズまで進んだ段階で，監査室はシステム監査を実施することにした。

〔現状の予算管理〕

　X社では現在，購買・製造・販売システムなどの基幹システム及び会計システムを運用している。このうち，会計システムの予算管理機能は，経理部だけが利用している。

(1) 予算は，年度開始の1か月前に経営会議で最終決定される。経理部は，決定した予算を会計システムに登録する。

(2) 購買・製造・販売などの主要な会計データは，基幹システムで管理されている各種実績情報から会計システムに取り込まれる。会計システムの月次決算で確定した実績データに基づいて，経理部が予算に対応する実績情報をレポートにまとめ，経営会議で報告する。各部は，この実績情報に基づいて分析を行う。

〔予算管理システムの目的と概要〕

　新たに構築する予算管理システムの導入目的は，次の3点である。

(1) 部門別損益管理の他，製品カテゴリ別業績管理を含めた，現状よりも詳細な予算・実績管理を実現する。

(2) 各部で予算登録及び予算修正を行えるようにし，各部の予算管理責任を明確にする。

(3) 各部で予算・実績に関する情報を有効に利用できるようにする。

　予算管理システムと関連システムの概要を図1に示す。予算管理システムには，会計システムと同じベンダが提供しているソフトウェアパッケージを採用する予定である。

図1　予算管理システムと関連システムの概要

〔予備調査の実施〕
　システム監査担当者のY氏が，予備調査で理解した内容は次のとおりである。
(1) 予算管理システムは，製品カテゴリ別の売上・粗利，部ごとの予算・実績に関する情報を詳細に管理するので，X社として機密レベルの高い情報が含まれる。
(2) 経営会議で決定された概算予算に基づいて，各部で詳細な予算を予算管理システムに登録する。
　① 各部は，経理部から入手した概算予算に基づいて，詳細な予算を立て，予算担当者が予算登録を行う。この予算登録に対して部長が承認入力を行うことで，予算として正式に確定される。各部で予算登録を行うことは，各部の予算管理に関する責任を明確にするだけでなく，経理部の臨時増員を行わなくても済むことになる。ただし，経理部は，各部の予算登録・修正が適切に実施されているかどうか確認する必要がある。
　② 予算の見直しは，3か月ごとに実施する。業績予測に影響するような大幅な見直しの場合は，年度の予算と同じプロセスで予算を見直す。一方，一定金額未満の修正などのような軽微な見直しであれば，各部で独自に修正入力及び承認入力を行い，その内容と理由を予算修正申請書に記載し，部長の承認を受けて経理部に提出する。
(3) 実績データは，全て会計システムから予算管理システムに取り込まれる。
　① 実績データは，正確性を重視し，月次決算で確定した後の会計システムの財務情報から自動的に生成する。
　② 現在の会計システムで管理されている情報に比べ，予算管理システムで管理される情報は，詳細である。そのために，予算管理システムに提供可能な情報を管理できるように会計システムの勘定科目や部の設定を変更する。

(4) 予算管理システムのアクセス管理では，次の方針に従って，部別・役職別に利用可能な機能・データ項目を表した権限マトリックスを作成している。

① 予算の登録・修正権限は，各部の予算担当者に付与する。また，登録・修正の承認権限は，各部の部長に付与する。

② 予算・実績情報に基づいて，必要な対応を迅速に行うために，当該システムの情報は，経営者から各部の主任レベルまで幅広く，柔軟に利用できるようにする。そのために，情報管理において，参照権限については違いがあるものの，できる限り利用制限を行わないで情報の有効利用を促進する。

(5) 予算・実績に関する情報は，ソフトウェアパッケージに組み込まれたレポート機能を利用することで，利用者が必要な情報を柔軟に出力できるので，定型の帳票は開発しない。

　このレポート機能は，会計システムにも組み込まれていて，操作経験がある経理部員の意見では，操作方法は簡単で，短時間の説明を受けるだけで操作できるとのことであった。そこで，この意見に基づき，操作方法に関する利用者向けの研修だけが，プロジェクト計画に盛り込まれている。

〔本調査の実施計画〕

　システム監査担当者のY氏は，予備調査の結果に基づいて，予算管理システムの統制目的と，この目的に対応した監査要点を表1にまとめた。

表1　統制目的・監査要点対応表（抜粋）

統制目的			監査要点
予算を適切に登録・修正する。	①	a	予算が適切に登録されるように検討しているか。
		b	予算が不適切に修正されないように検討しているか。
実績データを適切に収集する。	②	a	必要な実績データを取り込めるように検討しているか。
		b	利用者を考慮した実績データの取込みを検討しているか。
予算・実績情報を適切に利用・管理する。	③	a	予算・実績情報を有効に利用できるように検討しているか。
		b	予算・実績情報を適切に管理できるように検討しているか。

　Y氏は，表1に基づいて，本調査に当たっての留意事項を次のとおり整理した。

(1) 監査要点①aについて，各部での予算登録の網羅性をチェックする機能が組み込まれているかどうか留意する。

(2) 監査要点①bについて，軽微な予算修正を統制するための機能が，予算管理シス

テムに組み込まれているかどうか留意する。

(3) 監査要点②aについて，会計システムの勘定科目・部の見直しが予算項目と一致しているか，会計システムの変更要件に留意する。

(4) 監査要点②bについて，実績の取込みが月次決算確定後でよいかどうか十分な検討が行われていない可能性があるので，その妥当性に留意する。

(5) 監査要点③aについて，プロジェクト計画で検討されている研修計画では，研修内容として不十分な可能性があるので，その妥当性に留意する。

(6) 監査要点③bについて，利便性を重視し，情報管理の面からアクセス管理について十分に検討されていない可能性があるので，その妥当性に留意する。

設問1 〔本調査の実施計画〕の(2)に関して，システム監査担当者が予算管理システムに組み込まれるべきと考えた機能を，30字以内で述べよ。

設問2 表1の監査要点②aを満たすためには，〔本調査の実施計画〕の(3)だけでは不十分である。追加すべき留意事項を，45字以内で述べよ。

設問3 〔本調査の実施計画〕の(4)において，システム監査担当者が，十分な検討が行われていない可能性があると考えた理由を，40字以内で具体的に述べよ。

設問4 〔本調査の実施計画〕の(5)において，システム監査担当者が，プロジェクト計画で検討されている研修計画では，予算管理システム導入後に顕在化するであろうと考えた課題を，35字以内で述べよ。

設問5 〔本調査の実施計画〕の(6)において，情報管理の面から本調査で実施すべき監査手続を，50字以内で述べよ。

解答例・解説

●解答例（試験センター公表の解答例より）

設問1　一定金額以上の予算修正が入力できないようにする。（24文字）

設問2　予算項目に対応した会計データを基幹システムから全て取り込めるよう計画されているか。（41文字）

設問3　実績データの取込みが，月次決算後では遅すぎる可能性が検討されていないから。（37文字）

設問4　情報の活用方法が理解できず，予算・実績情報が有効に活用されない。（32文字）

設問5　権限マトリックスを閲覧し，機密レベルの高い情報の参照権限が適切に制限されているか確かめる。（44文字）

●問題文の読み方
(1) 全体構成の把握

　最初に全体の概要，現状の予算管理，新たに構築する予算管理システムの目的と概要が述べられている。次に，予備調査を実施した内容が述べられており，ここに設問のヒントが多く書かれている。最後に本調査の実施計画があり，ここが設問の内容と直接結びついている。

　予算管理システムは今まであまり出題されていないが，複雑なシステムではないことや日常業務で接することが多いシステムなので，内容の理解という点ではほとんど問題なかっただろう。また，問題文にヒントが明確に書かれている設問が多かったので，比較的解答しやすかったと思われる。

(2) 問題点の整理

　すべての設問が，表1の監査要点，［予備調査の実施］，［本調査の実施計画］の各

項目と関連しているので，設問とこれらの関連を整理することが，解答への第一歩になる。この関連を整理すると以下のようになる。

設問	表1	予備調査の実施	本調査の実施計画
1	①b	(2)	(2)
2	②a	(3)	(3)
3	②b	(3)	(4)
4	③a	(5)	(5)
5	③b	(4)	(6)

(3) 設問のパターン

設問番号	設問のパターン	設問の型 （序章P27参照）		
		パターンA	パターンB	パターンC
設問1	コントロールの指摘			◎
設問2	監査ポイントの指摘	◎		
設問3	監査ポイントの指摘		◎	
設問4	コントロールの不備・根拠の指摘		◎	
設問5	監査手続の指摘・追加			◎

●設問別解説
設問1

コントロールの指摘

前提知識

アプリケーション・コントロールに関する基本的な知識

解説

システム監査担当者が，予算管理システムに組み込まれるべきと考えた機能を答える設問である。表1の**監査要点①b**には，「予算が不適切に修正されないように検討しているか。」と書かれているので，このような不適切な修正を防ぐためのコントロールを考えればよいことが分かる。

これに関連する記述を問題文から探すと，〔**予備調査の実施**〕(2) ②に「一方，一定金額未満の修正などのような軽微な見直しであれば，各部で独自に修正入力及び

承認入力を行い，その内容と理由を予算修正申請書に記載し，部長の承認を受けて経理部に提出する。」と書かれている。ここから必要と思われるコントロール機能を考えると，一定金額以上の予算修正は各部でできないようにすることと，その修正に対して部長の承認を受けていることを確認する機能が考えられる。しかし，〔**本調査の実施計画**〕（2）には，「監査要点①ｂについて，軽微な予算修正を統制するための機能が，予算管理システムに組み込まれているかどうか留意する。」と書かれているので，軽微な予算修正を統制するための機能という観点から，前者の一定金額以上の修正ができないようにする機能を挙げればよい。

自己採点の基準

一定金額以上の修正ができないようにすることを指摘していればよい。

設問2

監査ポイントの指摘

前提知識

アプリケーション・コントロールに関する基本的な知識

解説

必要な実績データが取り込めるように検討しているかという監査要点を満たすために，追加すべき留意事項を答える設問である。〔**本調査の実施計画**〕の（3）に「会計システムの勘定科目・部の見直しが予算項目と一致しているか，会計システムの変更要件に留意する。」という記述があるが，これだけでは不十分なので，追加すべき留意事項を考える必要がある。

表1の②ａには「必要な実績データを取り込めるように検討しているか。」について書かれているので，勘定科目と予算項目の一致だけで必要な実績データが全て取り込めるかを検討すればよい。〔**予備調査の実施**〕（3）②には，「そのために，予算管理システムに提供可能な情報を管理できるように会計システムの勘定科目や部の設定を変更する。」と書かれており，一見勘定科目と予算項目が一致していればよいように思われる。しかし，〔**予算管理システムの目的と概要**〕の（1）には，「部門別損益管理の他，製品カテゴリ別業績管理を含めた，現状よりも詳細な予算・実績管理を実現する。」とあるので，予算項目として製品カテゴリなども含まれることが分かる。そうすると，勘定科目と予算項目の一致だけでなく，必要な実績データが全て取り込めるかどうかを確認しなくてはいけないと考えられる。

ここで迷うのは，製品カテゴリというような具体的な項目を挙げるかどうかであるが，予算項目はこれに限定されるとは限らないので，広く「予算項目に対応した

会計データを基幹システムから全て取り込めるよう計画されているか。」という留意事項にしておいた方がよいであろう。

自己採点の基準

　予算項目に対応した会計データが全て取り込めるような仕組みになっているかという観点の記述があればよい。製品カテゴリなどのより具体的な項目を含めた解答も，部分点はもらえると思われる。

設問3
監査ポイントの指摘

前提知識

内部統制に関する基本的な知識

解説

　システム監査担当者が実績の取込み時期について，十分な検討が行われていない可能性があると考えた理由を述べる設問である。〔**本調査の実施計画**〕(4) に，「実績の取込みが月次決算確定後でよいかどうか十分な検討が行われていない可能性があるので，その妥当性に留意する。」と書かれているので，実績の取込みが決算確定後でまずい理由を探すことになる。〔**現状の予算管理**〕の (2) には，「会計システムの月次決算で確定した実績データに基づいて，経理部が予算に対応する実績情報をレポートにまとめ，経営会議で報告する。」と書かれており，現状は月次決算確定後のデータに基づいてレポートが作成されていることが分かる。しかし，〔**予備調査の実施**〕(4) ②には，「予算・実績情報に基づいて，必要な対応を迅速に行うために，当該システムの情報は，経営者から各部の主任レベルまで幅広く，柔軟に利用できるようにする。」という記述があり，新システムではもっと迅速な対応が求められていると考えられる。

　したがって，解答としては実績データの取込みが，月次決算後では遅すぎる可能性が検討されていない点を指摘すればよい。

自己採点の基準

　実績データの取込み時期が月次決算後では遅すぎるのではないかという観点から解答していれば正解とする。

設問4

コントロールの不備・根拠の指摘

(前提知識)

全般統制に関する基本的な知識

(解説)

システム監査担当者が，プロジェクト計画で検討されている研修計画では，予算管理システム導入後に顕在化するであろうと考えた課題を答える設問である。〔**本調査の実施計画**〕(5) に，「プロジェクト計画で検討されている研修計画では，研修内容として不十分な可能性があるので，その妥当性に留意する。」と書かれており，計画されている研修計画では不十分であり，その結果，どのような影響があるか考えればよいことが分かる。

関連する記述を問題文から探すと，〔**予備調査の実施**〕(5) に，「このレポート機能は，会計システムにも組み込まれていて，操作経験がある経理部員の意見では，操作方法は簡単で，短時間の説明を受けるだけで操作できるとのことであった。そこで，この意見に基づき，操作方法に関する利用者向けの研修だけが，プロジェクト計画に盛り込まれている。」と書かれており，研修計画は操作経験がある人を前提としていることが分かる。しかし，〔**予算管理システムの目的と概要**〕(3) に「各部で予算・実績に関する情報を有効に利用できるようにする。」と書かれているので，新しい予算管理システムは操作経験のない経理部以外の人も使うことが分かる。

したがって，この研修計画では，理解しきれない人が多く出ると予想される。この影響としては，情報の活用方法が理解できず，予算・実績情報が効果的に利用されないことを挙げればよい。

(自己採点の基準)

前半は，情報の活用方法が理解できないこと以外に操作がうまく出来ないなどの表現でもよいと思われる。後半は，問題文の記述に合わせて予算・実績情報が効果的に利用されないことが記載されていれば正解とする。

設問5

監査手続の指摘・追加

(前提知識)

監査手続に関する基本的な知識

解説

　情報管理の面から本調査で実施すべき監査手続を述べる設問である。〔**本調査の実施計画**〕(5) には，「利便性を重視し，情報管理の面からアクセス管理について十分に検討されていない可能性があるので，その妥当性に留意する。」と書かれており，アクセス管理に関する監査手続を答えればよいことがわかる。

　関連する記述を問題文の中から探すと，〔**予備調査の実施**〕(4) ②に「そのために，情報管理において，参照権限については違いがあるものの，できる限り利用制限を行わないで情報の有効利用を促進する。」という記述があるので，参照権限についてあまり厳しくしないという方針が見てとれる。しかし，一方〔**予備調査の実施**〕(1) には，「予算管理システムは，製品カテゴリ別の売上・粗利，部ごとの予算・実績に関する情報を詳細に管理するので，X社として機密レベルの高い情報が含まれる。」と書かれており，機密レベルの高い情報に関しては，何らかのアクセス管理が必要であることが分かる。

　したがって，この参照権限に関する監査手続を述べればよい。この参照権限に関しては，〔**予備調査の実施**〕(4) に「予算管理システムのアクセス管理では，次の方針に従って，部別・役職別に利用可能な機能・データ項目を表した権限マトリックスを作成している。」という記述があるとおり，権限マトリックスを確認すればよいことが分かる。これから，監査手続としては，権限マトリックスを閲覧し，機密レベルの高い情報の参照権限が適切に制限されているか確かめることを挙げればよい。

自己採点の基準

　前半は，権限マトリックスを使用することが書かれていないといけない。後半は，機密レベルの高い情報の参照権限の確認が述べられていないといけない。

午後Ⅰ問3

問 個人が所有するモバイル端末の業務利用の監査に関する次の記述を読んで，設問1～5に答えよ。

Z社は，中堅自動車メーカの販売子会社である。Z社では，社内LANに接続されたデスクトップPCを全従業員が使用しているが，近年のIT利用環境の変化を受けて，デスクトップPCに加え，スマートフォン，タブレット端末などのモバイル端末の業務利用を計画している。これに伴い，Z社システムへのリモートアクセスの仕組みを新たに構築する。また，全従業員の約半数に当たる営業職によるモバイル端末の効果的な活用を通じて，営業力の強化を図る計画である。

〔モバイル端末の業務利用に関するアンケート調査の実施〕
2月に経営企画部と情報システム部が共同で，全従業員を対象に，モバイル端末の業務利用に関するアンケート調査を電子メールで実施した。アンケート調査の目的は，Z社が貸与するモバイル端末の業務利用，又は個人が所有するモバイル端末の業務利用（以下，BYODという）の選択についての意向を把握することであった。
アンケート調査の項目は，図1のとおりであった。

（項目1）あなたはスマートフォン又はタブレット端末をもっていますか。
次の項目には，項目1で"はい"と回答した人だけ答えてください。
（項目2）機種の型番，OSの種類・バージョンを記入してください。
（項目3）モバイル端末の業務利用が行われる場合，あなたはBYODを希望しますか。

図1　モバイル端末の業務利用に関するアンケート調査の項目

アンケートの回収率は80％であった。アンケート調査の結果から，回答者の85％がスマートフォン又はタブレット端末をもっていること，そのうちの90％がBYODを望んでいることが分かった。

〔BYOD導入の目的〕
Z社は，アンケート調査の結果を受けて，3月の経営会議で，Z社と従業員の双方にとってメリットが期待できるとして，BYODの導入を決定し，目的を次のように定め

た。

(1) 使い慣れたモバイル端末でＺ社システムを利用することによる業務生産性の向上
(2) 端末導入コストの低減及びモバイル端末の購入・修理に係る業務負荷の軽減
(3) 通信コストの低減及び利用プランの契約・見直しに係る業務負荷の軽減

　また，BYODは従業員の任意であり，希望者は上長の承認を得た上で，モバイル端末のOSのバージョン確認など，所定の手続を経て開始できること，及びモバイル端末の購入・修理に係る費用と通信費用について，Ｚ社が一部負担することも決定した。

　なお，営業職など，職務上，モバイル端末の業務利用を必要とするがBYODを希望しない従業員に対しては，Ｚ社がモバイル端末を貸与することにした。

〔BYOD導入プロジェクトチームによる検討結果〕

　経営会議での決定を受け，BYOD導入プロジェクトチーム（以下，プロジェクトチームという）が組織された。経営企画部，情報システム部及び営業部から数名ずつプロジェクトチームのメンバが選任され，8月に予定されている実運用の開始に向けて，BYOD導入に当たっての対応事項及びその内容について検討を始めた。

　プロジェクトチームは，週次でプロジェクト会議を開き，検討内容及び決定事項を議事録として記録している。また，5月の経営会議に提出する"BYOD導入検討報告書"（以下，報告書という）を作成するために，検討結果を表1のとおりまとめた。

表1　BYOD導入に当たっての対応事項及び内容（抜粋）

項番	対応事項	内容
1	セキュリティポリシの改訂	モバイル端末に関する次の項目を，現行のセキュリティポリシに追加する。 (1) モバイル端末の紛失時又は盗難時の，会社への迅速な届出義務 (2) リモートワイプ時の，モバイル端末内の全データ消去の事前承諾 (3) モバイル端末買替え時の，会社への迅速な届出義務 (4) 退職時，異動時などの，モバイル端末内の業務データ消去義務
2	モバイル端末管理（以下，MDMという）ツールの利用	MDMツールの次の機能を利用して，モバイル端末の一元管理・セキュリティ強化を図る。 (1) 多様な機種及びOSのモバイル端末の管理機能 (2) モバイル端末の台帳管理及び使用状況のモニタとレポート機能 (3) ウイルス対策ソフトの強制インストール及びアップデート機能 (4) Z社が利用を許可していないアプリケーションの強制アンインストール機能 (5) モバイル端末の紛失時又は盗難時のリモートロック又はリモートワイプ機能
3	MDMサーバ運用体制の整備	MDMサーバを導入して次の点を実現し，現状と同じ日勤就業時間帯の勤務体制で，Z社運用要員を増員することなく運用品質を維持する。 (1) MDMツールの利用による運用負荷増加の抑制 (2) Z社運用要員に対するMDMサーバ運用訓練の実施によるスキルの向上 (3) Z社内のサーバルームへのMDMサーバ設置による運用利便性の確保
4	BYOD導入後の効果測定	BYOD導入後3か月を経過した時点で，次の項目について，プロジェクトチームがBYOD導入前に算出した予測値と比較し，導入効果を測定する。あらかじめ設定した目標を下回った場合には原因を究明し，対策を検討する。 (1) 従業員の作業時間の短縮率 (2) 端末導入コストの低減率及びモバイル端末の購入・修理に係る業務負荷の軽減度 (3) 通信コストの低減率及び利用プランの契約・見直しに係る業務負荷の軽減度

〔システム監査の実施〕

　Z社の社長は，BYODを導入している企業がまだ少なく，プロジェクトチームが，BYOD導入に当たっての対応事項及びその内容を検討するのに必要な情報を十分に得られない可能性があることに懸念をもった。そこで，プロジェクトチームによる検討内容が妥当かどうかを第三者の立場から検証させるために，監査室長に監査の実施を命じた。

　監査室長によって任命されたシステム監査人は，アンケート調査の結果，プロジェクト会議の議事録及び報告書を入手し，それらを閲覧するとともに，プロジェクトチームにインタビューして検証を行った。そして，監査調書に発見事項を次のように記録した。

(1) 表1の項番1について，モバイル端末に関する技術は，ハードウェア，ソフトウェアともに進歩が速いので，Z社が定めるバージョンよりも古いOSを搭載したモバイル端末の使用禁止に関する項目を，セキュリティポリシに追加すべきである。

(2) 表1の項番2の(5)について，リモートロックやリモートワイプは，MDMサーバがモバイル端末と通信できない場合には実行できないので，これだけではセキュリティ対策として十分とはいえない。モバイル端末内に保存されているデータを保護するための対策を検討する必要がある。

(3) 表1の項番3について，MDMツールの利用によって運用負荷の増加が抑えられる見込みであることから，現状のZ社運用要員の数は増やさないとしている。しかし，モバイル端末に係るセキュリティ事故発生時に備えた運用の必要性を考慮すると，運用コストが現状よりも増加する可能性がある。外部ベンダによるサービスの利用などを含め，再度検討すべきである。

(4) 表1の項番4について，BYOD導入後の従業員の満足度及びBYOD実施率についての効果測定項目が欠けている。モバイル端末の業務利用に関するアンケート調査の項目を考慮すると，従業員の満足度が低下し，BYOD実施率がアンケート調査の結果を下回る可能性がある。BYOD導入後の実態を把握するために，従業員のメリットに関するこれらの項目を効果測定項目に含めるべきである。

(5) プロジェクトチームが検討した対応事項の中に，ヘルプデスクの強化が含まれていない。モバイル端末の機種・OSの多様さによる，モバイル端末利用に関する問合せ件数の増加及び内容の多様化が考えられるので，ヘルプデスク業務の変化に応じた対策を検討する必要がある。

設問1 〔システム監査の実施〕の(1)について，システム監査人が挙げた，セキュリティポリシに追加すべき項目は，どのようなリスクを想定したものか。50字以内で具体的に述べよ。

設問2 〔システム監査の実施〕の(2)について，システム監査人が想定した対策を二つ挙げ，それぞれ30字以内で述べよ。

設問3 〔システム監査の実施〕の(3)について，システム監査人が“運用コストが現状よりも増加する可能性がある”と考えた理由を，運用におけるどのようなコストかを明確にして，45字以内で述べよ。

設問4 〔システム監査の実施〕の(4)について，システム監査人が“従業員の満足度が低下し，BYOD実施率がアンケート調査の結果を下回る可能性がある”と考えた理由を，50字以内で具体的に述べよ。

設問5 〔システム監査の実施〕の(5)について，システム監査人が想定した対策を二つ挙げ，それぞれ15字以内で述べよ。

解答例・解説

●解答例（試験センター公表の解答例より）

設問1	旧型の機種を使用し続けることによって，Z社が定めるセキュリティ要件を満たせなくなるリスク
設問2	①モバイル端末を使用するためのパスワードなどの設定 ②モバイル端末内に保存されているデータの自動暗号化
設問3	要員が常時迅速に対応できる体制を構築する必要があり，人件費が増加する可能性があるから
設問4	BYODに伴う制約事項や費用負担方針などについて，従業員の理解が得られていない可能性があるから
設問5	①想定FAQを作成し公開する。 ②専用問合せ窓口を設置する。

●問題文の読み方

(1) 全体構成の把握

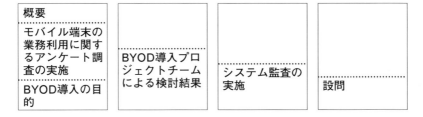

　最初に概要があり，続いてモバイル端末の業務利用に関するアンケート調査の実施結果が書かれている。その後に，BYOD導入の目的があり，続いてBYOD導入プロジェクトチームによる検討結果が表1にまとめられており，ここにいくつかのヒントが書かれている。最後にシステム監査の実施が書かれており，設問は直接にはここと関連している。

(2) 問題点の整理

　すべての設問が［システム監査の実施］の（1）～（5）の指摘事項からの出題になっている。また，そのヒントが他の個所に書かれている場合があるので，この両者の関連する個所を的確につかむことが，解答への第一歩になる。この対応関係を表にすると以下のようになる。

項番	指摘事項	関連する記述
(1)	・セキュリティポリシに追加すべきである。	該当なし
(2)	・MDMサーバがモバイル端末と通信できない場合のセキュリティ対策が十分とはいえない。	該当なし
(3)	・運用コストが現状よりも増加する可能性がある。	表1の項番2の（5）
(4)	・従業員の満足度が低下し，BYOD実施率がアンケート調査の結果を下回る可能性がある。	［BYOD導入の目的］
(5)	・ヘルプデスク業務の変化に応じた対策を検討する必要がある。	該当なし

（3）設問のパターン

設問番号	設問のパターン	設問の型		
		パターンA	パターンB	パターンC
設問1	リスクの指摘	◎		
設問2	コントロールの指摘	◎		
設問3	指摘事項の提示		◎	
設問4	指摘事項の提示		◎	
設問5	改善事項の指摘	◎		

●設問別解説

設問1

リスクの指摘

（前提知識）

セキュリティに関する基本知識

（解説）

　［システム監査の実施］の（1）には，「Z社が定めるバージョンよりも古いOSを搭載したモバイル端末の使用禁止に関する項目を，セキュリティポリシに追加すべきである。」と書かれており，古いOSを搭載したモバイル端末を利用することにより，どのようなリスクがあるかを答えればよいことがわかる。しかし，これ以上のことは問題文に書かれていないので，あとは一般論で答えることになる。

　古いOSを使用することによるリスクとしては，一般的に以下のようなリスクが考えられる。

①セキュリティパッチの更新が出来ずセキュリティ・ホールが発生してしまう。

28

②リモートワイプなどの新しいセキュリティ機能が使えず，セキュリティが弱くなる。

この他にも個々の項目であればいろいろな事項が考えられるので，ここではそれらをまとめて，古いOSではZ社の定めるセキュリティ要件を満たせなくなるリスクを挙げればよいであろう。

自己採点の基準

　基本的には，Z社の定めるセキュリティ要件を満たせなくなるリスクを挙げれば正解であるが，上記の①，②のようなもう少し具体的な内容を書いても，点数はつくと思われる。

設問2

コントロールの指摘

前提知識

セキュリティに関する基本知識

解説

　［システム監査の実施］の（2）には，「リモートロックやリモートワイプは，MDMサーバがモバイル端末と通信できない場合には実行できないので，これだけではセキュリティ対策として十分とはいえない。」という記述が書かれているので，MDMサーバと通信できない状態でも，モバイル端末のデータが保護されるような対策を考えればよいことが分かる。これに関しても，問題文には関連する記述がないので，一般論で答えていくことになる。一般的にモバイル端末のデータを保護するための手段は以下の2つである。

①モバイル端末を使用するためのパスワードなどの設定
②モバイル端末に保存されているデータの自動暗号化

解答は素直にこの2つを書けばよい。

自己採点の基準

　パスワードの設定と暗号化という2つの観点から解答していれば正解とする。

設問3

指摘事項の提示

前提知識

システム運用に関する基本知識

解説

　［システム監査の実施］の（3）には，「しかし，モバイル端末に係るセキュリティ事故発生時に備えた運用の必要性を考慮すると，運用コストが現状よりも増加する可能性がある。」と記載されており，セキュリティ事故と絡んで運用コストが増加する可能性を指摘すればよいことがわかる。これに関連する記述を探すと，表1の項番2の（5）に「モバイル端末の紛失時又は盗難時のリモートロック又はリモートワイプ機能」と書かれているのが見つかる。この処理は，紛失時又は盗難時に迅速に行わないと意味がないので，それに対応するための要員の配置が必要なことが予想される。したがって，解答としては「要員が常時迅速に対応できる体制を構築する必要があり，人件費が増加する可能性があるから」という解答が浮かび上がってくる。

自己採点の基準

　事故時に迅速に対応するための体制が必要になり人件費が増加することを指摘していれば正解とする。

設問4

指摘事項の提示

前提知識

システムの効果判断に関する基本知識

解説

　［システム監査の実施］の（4）には，「モバイル端末の業務利用に関するアンケート調査の項目を考慮すると，従業員の満足度が低下し，BYOD実施率がアンケート調査の結果を下回る可能性がある。」と書かれており，アンケート調査の項目にヒントがあることが分かる。図1のアンケート調査の項目を見ると，項目3に「モバイル端末の業務利用が行われる場合，BYODを希望しますか。」と書かれているが，これに関する前提条件は一切質問項目にないことがわかる。そこで，前提条件に関連しそうな項目を問題文から探すと，［BYOD導入の目的］に「モバイル端末のOSのバージョン機能など，所定の手続を経て開始できること，及びモバイル端末の購入・修理に係る費用と通信費用について，Z社が一部負担することも決定した。」という記述があり，OSに関する制約事項や全額が会社負担ではないことがわかる。これを考慮すると，実際は希望者がもっと減ってしまうことが予想される。したがって，解答としては「BYODに伴う制約事項や費用負担方針などについて，従業員の理解が得られていない可能性があるから」という解答が導ける。

自己採点の基準

BYODに伴う制約事項や費用負担方針などについて，従業員が理解していないことを挙げていれば正解とする。

設問5

改善事項の指摘

前提知識

システム運用に関する基本知識

解説

［システム監査の実施］の（5）には，「モバイル端末利用に関する問合せ件数の増加及び内容の多様化が考えられるので，ヘルプデスク業務の変化に応じた対策を検討する必要がある。」と書かれており，モバイル端末利用に関する問合せ件数の増加及び内容の多様化に対応できる対策を考えればよいことがわかる。しかし，問題文に関連する記述がないので，あとは一般論で考えることになる。一般に問合せ件数が増えてきた時のヘルプデスク業務の対応策としては，以下のようなことが考えられる。

①想定FAQを作成し公開する。
②専用問合せ窓口を公開する。

自己採点の基準

ヘルプデスクの効率を上げる①，②のような具体的な対策が挙げられていれば正解とする。

午後Ⅱ問1

　　問　　パブリッククラウドサービスを利用する情報システムの導入に関する監査について

　　今日，クラウド環境を利用する情報システムの導入事例が増えている。クラウド環境とは，サーバ仮想化，分散処理などの技術を組み合わせることによってシステム資源を効率よく利用することができるシステム環境のことである。クラウド環境を利用した情報システムの導入事例の中でも，インターネットを介して多数の利用者に共用のハードウェア資源，アプリケーションサービスなどを提供する，いわゆるパブリッククラウドサービスは，より低価格短期間での情報システムの導入を可能にしている。

　　一方で，パブリッククラウドサービスを利用する情報システムの導入に当たっては，クラウド環境に共通するリスクに加え，パブリッククラウドサービスによく見られる特徴に留意する必要がある。例えば，パブリッククラウドサービスを提供するベンダが，海外を含めて複数のデータセンタにサーバを保有している場合は，サービスを利用する側にとって，データがどこに存在するのかが分からないということも少なくない。また，パブリッククラウドサービスでは，サービスレベルをはじめとした契約条件を個別に締結するのではなく，あらかじめ定められた約款に基づいてサービスが提供されるものが多い。

　　このような状況において，システム監査人は，パブリッククラウドサービスを利用する情報システムの導入の適切性について確認する必要がある。

　　あなたの経験と考えに基づいて，設問ア～ウに従って論述せよ。

設問ア　あなたが関係する組織において導入した又は導入を検討している，パブリッククラウドサービスを利用する情報システムについて，その対象業務，パブリッククラウドサービスを利用する理由，及びそのパブリッククラウドサービスの内容を800字以内で述べよ。

設問イ　設問アで述べた情報システムの導入に当たって留意すべきリスクについて，利用するパブリッククラウドサービス及び対象業務の特徴を踏まえて，700字以上1,400字以内で具体的に述べよ。

設問ウ　設問イで述べたリスクについて，適切な対策が検討又は講じられているかどうかを確認するための監査手続を700字以上1,400字以内で具体的に述べよ。

解説

●段落構成

```
1.  パブリッククラウドサービスの対象業務，利用する理由及び内容
    1.1  パブリッククラウドサービスの対象業務
    1.2  パブリッククラウドサービスを利用する理由及び内容
2.  導入に当たって留意すべきリスク
    2.1  情報漏えいが発生するリスク
    2.2  データ消失のリスク
    2.3  サービスレベルが達成出来ないリスク
3.  適切な対策が検討又は講じられているかを確認するための監査手続
    3.1  情報漏えいが発生するリスクに関する監査手続
    3.2  データ消失リスクに関する監査手続
    3.3  サービスレベルが達成出来ないリスクに関する監査手続
```

●問題文の読み方と構成の組み立て

(1) 問題文の意図と取り組み方

　最近利用が増えているパブリッククラウドサービスに関する問題である。クラウド関連の出題は十分に予想されたが，パブリッククラウドサービスという限定があると，これらのシステムに関わった人はあまり多くないかもしれないので，このテーマは少し書きにくいと思う人も多かったと思われる。

　問題の構成としては，**設問イ**でリスクを述べ，**設問ウ**で監査手続を述べる最もオーソドックスな構成なので，経験がある人にとっては書く内容を決めやすかったと思われる。

(2) 全体構成を組み立てる

　設問アは，最初にパブリッククラウドサービスを利用する情報システムの対象業務を述べる必要がある。これは利用経験がある人にとっては，その業務内容をそのまま述べるだけなので，大きな問題はないと思われる。次に，パブリッククラウドサービスを利用する理由を述べる必要がある。これに関しては，問題文に書かれているように，「低価格」，「短期間」というのが最も多いと思われるが，この他に拡張性の観点なども挙げてもよいであろう。最後に，パブリッククラウドサービスの内容について述べる必要がある。これは何を書くか少し迷うが，提供されるハードウェア資源，ソフトウェア資源の内容を書いていけばよいと思われる。

33

設問イは，情報システムの導入に当たって留意すべきリスクについて述べる必要がある。

問題文には，クラウド環境に共通するリスクとパブリッククラウドサービス固有のリスクという2つの観点が述べられているが，クラウド環境に共通するリスクについては，詳しい記述は一切ないので，後者を中心に書いてよいと思われる。パブリッククラウドサービス固有のリスクとして，問題文には以下の2つが例示されている。

- 海外を含めて複数のデータセンターにサーバを保有している場合は，サービスを利用する側にとって，データがどこに存在するのかが分からないということも少なくない。
- サービスレベルをはじめとした契約条件を個別に締結するのではなく，あらかじめ定められた約款に基づいてサービスが提供されるものが多い。

これらの観点は非常に一般的な内容なので，これらの例示も参考にリスクを述べていけばよい。

設問ウは，設問イで述べたリスクについて，適切な対策が検討又は講じられているかどうかを確認するための監査手続について述べる必要がある。問題文には，どのような観点から確認を行うべきかについては，一切記述がないので，自分で観点を考えていく必要がある。データがどこに存在するかが分からないということに関連する観点としては，大きくデータの漏えい対策という観点と，障害や災害時のデータの保全という観点が考えられる。あらかじめ定められた約款に基づいてサービスが提供されることに関連する観点としては，適切なサービスレベルが提供される保証があるかどうかという観点が考えられる。

●論文設計テンプレート

---

1. パブリッククラウドサービスの対象業務，利用する理由及び内容

    1.1 パブリッククラウドサービスの対象業務

    ・情報関連機器を販売している商社の販売管理システム

    ・業務量の観点で限界が近づいてきたため，サーバをもっと上位のものに置き換えるか，あるいは外部のパブリッククラウドサービスを利用するかで検討を行った。

    1.2 利用する理由及び内容

    ・システムの拡張性の確保

- ・24時間運用が可能
- ・データベースサーバ機能，.NET環境，JAVA環境等を利用

2. 導入に当たって留意すべきリスク

2.1 情報漏えいが発生するリスク

- ・顧客のデータがどこに存在するかは，利用者には知らされない。
- ・A社の重要なデータが漏えいしてしまっている可能性が否定できない。
- ・M社は，情報漏えい対策は十分にとられている筈であるが，それを鵜呑みにするわけにはいかない。

2.2 データ消失のリスク

- ・販売管理システムのデータが消失してしまうと，売掛金の回収も出来なくなり，会社の存続にも影響を与えてしまう。
- ・A社においてもデータのバックアップを持つ必要があるのかどうかを検討する必要がある。

2.3 サービスレベルが達成出来ないリスク

- ・A社の業績は大きく伸びているので，トランザクション量が急激に増加するとシステムのレスポンスが急激に悪くなり業務に大きな影響が出る。
- ・M社とは，サービスレベルに関しても契約条項に盛り込むことになっているが，その内容が適切かどうか，十分な検討が必要である。
- ・取扱いデータ量やレスポンス等の性能要件に関しては，業務量の伸びに応じてタイムリーに見直せるようになっていないといけない。

3. 適切な対策が検討又は講じられているかを確認するための監査手続

3.1 情報漏えいが発生するリスクに関する監査手続

- ・M社のセキュリティ対策がどのようになっているのか，また，その運用体制がどのようになっているのかが十分に検討されていることを確認
- ・M社からシステム監査報告書の一部が提供される契約になっていることを確認

3.2 データ消失リスクに関する監査手続

- ・M社のバックアップ対策が万全かどうかが検討されていることを確認
- ・M社のバックアップが消失しても事業の継続が可能なのかどうか検討されていることを，A社の事業継続計画を見て確認

3.3 サービスレベルが達成出来ないリスクに関する監査手続

- ・サービスレベルに関しては，A社内でどのようなサービスレベルが必要かどうかに関して十分な検討が行われているかどうかを確認
- ・M社とサービスレベルに関して合意が取られていることを契約書等で確認
- ・A社の業務量の増加に伴ってタイムリーに変更できる契約になっていることも契約書等を見て確認

サンプル論文

1．パブリッククラウドサービスの対象業務，利用する理由及び内容

1．1　パブリッククラウドサービスの対象業務

　A社は，情報関連機器を販売している商社である。A社では，自社のコンピュータルームにパソコン・サーバを複数台設置し，受注・出荷や発注・仕入れなどの業務を行う販売管理システムを稼働させてきた。A社の売上は急速に拡大しており，従来の設置していたサーバでは業務量の観点で限界が近づいてきたため，サーバをもっと上位のものに置き換えるか，あるいは外部のパブリッククラウドサービスを利用するかで検討を行った結果，パブリッククラウドサービスを利用することとなった。

> 売上が伸びているという記述が，設問イへの重要な布石になっている。

1．2　利用する理由及び内容

　A社がパブリッククラウドサービスを利用した一番の理由は，システムの拡張性の確保である。A社の売上は急激に伸びているので，自社でサーバを確保した場合には，数年でキャパシティがいっぱいになってしまい再度サーバを追加購入しないといけないことが想定された。これに対して，パブリッククラウドサービスを利用すれば，業務量の増大に合わせて，何の手間もかけずに対応が可能になる。また，24時間運用が可能な点も採用の大きな理由である。自社のオペレータでは，どうしても深夜の対応は難しいが，パブリッククラウドサービスではこれも可能になる。

　今回利用したM社のパブリッククラウドサービスは，M社がパソコン・サーバでも提供しているデータベースサーバ機能，.NET環境，JAVA環境等である。A社の販売管理システムは，元々これらのインターフェースを利用していたので，今回のパブリッククラウドサービスへ

の移行に関しては，プログラムの変更は一切必要なかっ 30
た。このスムーズな移行が可能な点も，Ｍ社のパブリッ
ククラウドサービスを利用した大きな理由の一つである。

(800字)

2．導入に当たって留意すべきリスク

2．1　情報漏えいが発生するリスク

　Ｍ社は，現在は日本国内においてクラウドのサーバ環
境を構築しているが，これは今後どうなるかは分からな
い。パブリッククラウドサービスにおいては，顧客のデ 5
ータがどこに存在するかは，利用者には知らされない。
このように実際のデータの所在が分からないと，どこで
どのような管理がされているかがつかめないので，知ら
ない間にＡ社の重要なデータが漏えいしてしまっている
可能性が否定できない。 10

　もちろんＭ社は，パブリッククラウドサービスの最大
手の１つであり，情報漏えい対策は十分にとられている
筈であるが，それを鵜呑みにするわけにはいかないので，
本当に機密漏えいの可能性がないと言えるかどうか検討
する必要がある。 15

> 常に疑ってかかるというの
> が監査の基本スタンスであ
> る。

2．2　データ消失のリスク

　Ａ社にとって，販売管理システムのデータが消失して
しまうと，売掛金の回収も出来なくなり，会社の存続に
も影響を与えてしまうことになる。Ｍ社のパブリックク
ラウドサービスにおいても，データのバックアップ対策 20
に関しては，万全の体制をとっている筈であるが，大手
のクラウドサービスでデータ消失事故を起こした例もあ
る。本当にデータ消失の可能性がないのかどうか，ある
いは，そのような事態に対応するためにＡ社においても
データのバックアップを持つ必要があるのかどうかを検 25
討する必要がある。

２．３　サービスレベルが達成出来ないリスク

　Ａ社の業績は大きく伸びているので，トランザクション量が急激に増加していくことも予想される。そのような時に，システムのレスポンスが急激に悪くなるようなことがあると，業務に大きな影響が出ると同時に顧客サービスの観点からも大きな問題が生じることになる。

　Ｍ社とは，サービスレベルに関しても契約条項に盛り込むことになっているが，その内容が適切かどうか，十分な検討が必要である。また，取扱いデータ量やレスポンス等の性能要件に関しては，業務量の伸びに応じてタイムリーに見直せるようになっていないと，業務に影響が出る可能性が高いので，この観点からも検討が必要である。

(953字)

> 設問アの布石と対応した記述にして一貫性を持たせている。

３．適切な対策が検討又は講じられているかを確認するための監査手続

３．１　情報漏えいが発生するリスクに関する監査手続

　情報漏えいリスクに関しては，Ｍ社のパブリッククラウドサービスの利用を決定する際に，Ｍ社のセキュリティ対策がどのようになっているのか，また，その運用体制がどのようになっているのかが十分に検討されていることを確認する必要がある。このために，パブリッククラウドサービスの導入計画書と検討会議の議事録を見て，この点に関して十分な調査・検討が行われていることを確認する必要がある。

　また，このようなセキュリティ対策は定期的なチェックが必要であるが，Ｍ社のような大手の会社に対して，Ａ社が自ら監査を行うことは不可能なので，これらのチェックはＭ社から提供されるシステム監査報告の一部を見て判断するしかない。この点に関して，Ｍ社との契約書を見て，このような報告をしてもらえる契約になって

> 相手が大手であることを踏まえて現実的な対応にしている。

いるかどうかを確認する必要がある。

３．２ データ消失リスクに関する監査手続

　データ消失リスクに関しても，M社のパブリッククラウドサービスの利用を決定する際に，M社のバックアップ対策が万全かどうかが検討されていることを確認しなければいけない。具体的には，パブリッククラウドサービスの導入計画書と検討会議の議事録を見て，十分な調査・検討が行われていることを確認する必要がある。また，大地震等の災害に備えて，バックアップデータがセンタと同じ場所ではなく，遠隔地に保管されるようになっていることなども確認する必要がある。

　また，万が一M社で保管しているデータが消失した場合も，A社の事業が再開出来ないリスクは避けなければならない。これに関しては，A社の場合，取引データは何らかの形で紙で残るようになっているので，これを使用して事業の再開は可能と思われるが，本当に可能なのかどうか検討されていることを，A社の事業継続計画を見て確認する必要がある。

> 事業継続計画を持ち出すことによって，システム監査人らしくしている。

３．３ サービスレベルが達成出来ないリスクに関する監査手続

　サービスレベルに関しては，最初にA社内でどのようなサービスレベルが必要かどうかに関して十分な検討が行われているかどうかを確認する必要がある。具体的には，パブリッククラウドサービスの導入計画書と検討会議の議事録を見て，この点に関して十分な検討が行われていること，また，その検討に際して適切なメンバが関与していることを確認する必要がある。

　次にその結果に基づいて，M社とサービスレベルに関して合意が取られていることを契約書等で確認する必要がある。M社のサービスレベルは標準で決まってしまっている部分もあり，完全にA社向けに設定できない項目もある。したがって，A社の当初の要望に合致しない部

39

分や，契約書上に盛り込めない項目があった場合には，
それらを補完する対策や調査が行われていることも確認
する必要がある。また，これらのサービスレベルが，A
社の業務量の増加に伴ってタイムリーに変更できる契約
になっていることも契約書等を見て確認する必要がある。

(1375字)

> ここも設問ア，設問イの記述と関連させて，一貫性を持たせている。

午後Ⅱ問2

問 情報システムの可用性確保及び障害対応に関する監査について

　企業などが提供するサービス，業務などにおいて，情報システムの用途が広がり，情報システムに障害が発生した場合の影響はますます大きくなっている。その一方で，ハードウェアの老朽化，システム構成の複雑化などによって，障害を防ぐことがより困難になっている。このような状況において，障害の発生を想定した情報システムの可用性確保，及び情報システムに障害が発生した場合の対応が，重要な監査テーマの一つになっている。

　情報システムの可用性を確保するためには，例えば，情報システムを構成する機器の一部に不具合が発生しても，システム全体への影響を回避できる対策を講じておくなどのコントロールが重要になる。また，情報システムに障害が発生した場合のサービス，業務への影響を最小限に抑えるために，障害を早期に発見するためのコントロールを組み込み，迅速に対応できるように準備しておくことも必要になる。

　情報システムに障害が発生した場合には，障害の原因を分析して応急対策を講じるとともに，再発防止策を策定し，実施しなければならない。また，サービス，業務に与える障害の影響度合いに応じて，適時に関係者に連絡・報告する必要もある。

　このような点を踏まえて，システム監査人は，可用性確保のためのコントロールだけではなく，障害の対応を適時かつ適切に行うためのコントロールも含めて確認する必要がある。

　あなたの経験と考えに基づいて，設問ア～ウに従って論述せよ。

設問ア あなたが関係している情報システムの概要と，これまでに発生した又は発生を想定している障害の内容及び障害発生時のサービス，業務への影響について，800 字以内で述べよ。

設問イ 設問アで述べた情報システムにおいて，可用性確保のためのコントロール及び障害対応のためのコントロールについて，700 字以上 1,400 字以内で具体的に述べよ。

設問ウ 設問ア及び設問イを踏まえて，可用性確保及び障害対応の適切性を監査するための手続について，それぞれ確認すべき具体的なポイントを含め，700 字以上 1,400 字以内で述べよ。

解説

●段落構成

1. 情報システムの概要と想定している障害の内容及びその影響
    1.1 情報システムの概要（300字）
    1.2 想定している障害の内容及びその影響（475字）
2. 可用性確保のためのコントロール及び障害対策のためのコントロール
    2.1 可用性確保のためのコントロール
        2.1.1 機器の障害に対する可用性の確保（475字）
        2.1.2 ネットワーク障害に対する可用性の確保（325字）
    2.2 障害対応のためのコントロール（425字）
3. 可用性確保及び障害対応の適切性を監査するための手続
    3.1 可用性確保のための監査手続（800字）
    3.2 障害対応の適切性を確認するための監査手続（325字）

●問題文の読み方と構成の組み立て

（1）問題文の意図と取り組み方

　過去にも何回か出題されたことがある障害対応に関する問題であった。可用性確保と障害対応の二つの観点から答える点が特徴である。このテーマは，多くの人が出題を予想できたと思うので比較的書きやすいテーマであったと思われる。

　問題の構成としては，**設問イ**でコントロールを述べ，**設問ウ**で監査手続を述べる一般的な構成になっている。**設問イ，ウ**ともに可用性確保と障害対応の2つの観点からの解答が求められているので，**設問イ**と**設問ウ**の内容をこの2つの観点で対応させて書くことが重要である。

（2）全体構成を組み立てる

　設問アでは，あなたが関係した情報システムの概要と，これまでに発生したまたは発生を想定している障害の内容及び障害発生時のサービス，業務への影響について述べる必要がある。前半の情報システムの概要については，**設問ア**で最もよく出題される内容の一つなので，非常に書きやすいと思われる。後半の障害の内容についても，情報システムを計画する際には必ず検討する内容なので比較的書きやすかったと思われる。また，障害の業務への影響も障害対策を考える際には必ず想定しているはずなので，その内容をそのまま書けばよい。この時に気を付ける点は，

ここで書いた障害の内容と**設問イ**で述べるコントロールの内容を対応させることである。したがって，**設問イ**で述べる内容を想定して，**設問ア**の障害の内容を決める必要がある。

　設問イは，可用性確保のためのコントロール及び障害対応のためのコントロールについて述べる必要がある。ここで気を付けなければいけないことは，この2つのコントロールを書き分けるかである。問題文には可用性確保のためのコントロールの例として以下の2つを挙げている。

- 情報システムを構成する機器の一部に不具合が発生しても，システム全体への影響を回避できる対策
- 情報システムに障害が発生した場合のサービス，業務への影響を最小限に抑えるために，障害を早期に発見するためのコントロール

　これに対して，障害対応のためのコントロールに関しては，問題文に次のような例示がある。

- 障害の原因を分析して応急対策を講じるとともに，再発防止策を策定し，実施する。
- サービス・業務に与える障害の影響度合いに応じて，適時に関係者に連絡・報告する必要がある。

　ここから考えられることは，障害が発生したその時点でいかに被害を最小にするかが可用性の確保で，その後で今後障害が発生しないようにするのが，障害対策と考えてよいと思われる。

　設問ウは，**設問イ**で述べたコントロールを踏まえて，可用性確保及び障害対応の適切性を監査するための手続について述べる必要がある。ここでは素直に，**設問イ**で述べた順番に各コントロールに対応する監査手続を述べていけばよい。問題文には，「それぞれ確認すべき具体的なポイントを含め」という指定があるので，監査ポイントも含めて述べなくてはいけない。もう一つ注意すべき点は，各コントロールについて，整備状況の確認と運用状況の確認の両方の観点から監査を行うことである。整備状況の確認というのは，定められた，あるいは設定されたコントロールの内容が妥当かどうかという確認である。運用状況の確認とは，その設定されたコントロールが実際に適切に運用されているかどうかという確認である。特に障害対策はこの両方について確認しないと，十分な対策が取られているとは言えない。

●論文設計テンプレート

1. 情報システムの概要と想定している障害の内容及びその影響
    1.1 情報システムの概要
        - 店舗数60店舗の地方銀行
        - 5年前にホストコンピュータからオープン系サーバに移行
        - 基幹系サーバと情報系サーバを統合
    1.2 想定している障害の内容及びその影響
        - サーバが障害を起こすと全ての業務処理がストップしてしまう
        - ネットワーク回線が停止しても，入出金等が行えなくなり，顧客の生活に大きな支障
2. 可用性確保のためのコントロール及び障害対策のためのコントロール
    2.1 可用性確保のためのコントロール
        2.1.1 機器の障害に対する可用性の確保
            - サーバのクラスタリング構成を採用
            - TPモニターとロードバランサを使用
            - 1台のサーバが障害を起こしても自動的にトランザクションを他のサーバに割振り
            - ハードディスクは全てミラーリング
        2.1.2 ネットワーク障害に対する可用性の確保
            - ルータを二重化
            - VRRPプロトロにより，障害時に運用機と予備機を自動的に切り替える
            - 拠点や支店内のLANも各スイッチと回線を二重化
    2.2 障害対応のためのコントロール
        - 障害対応マニュアルを作成
        - 情報システム部門のサポート窓口が障害の切分けを行う
        - 障害が発生した場合には，障害記録を作成
        - 毎月障害対応会議を開催
3. 可用性確保及び障害対応の適切性を監査するための手続
    3.1 可用性確保のための監査手続
        - システム導入計画書の閲覧
        - ロードバランサとTPモニターの設定の確認
        - 障害記録の確認

3.2 障害対応の適切性を確認するための監査手続

・ 障害対応マニュアルの確認

・ 障害記録の確認

・ 障害対応会議の議事録の確認

サンプル論文

1．情報システムの概要と想定している障害の内容及び
その影響

1．1　情報システムの概要

A銀行は，国内の某主要都市に本店を置く地方銀行で
ある。店舗数は60数店舗で情報センターに設置された
サーバとオンラインで結ばれている。従来は，別々のホ
ストコンピュータで基幹系オンライン処理と情報系の処
理が別々に行われていたが，5年前にホストコンピュー
タを全てオープン系のサーバに置き換え，基幹系と情報
系のシステムが同一のシステム基盤の上で稼働できるよ
うにした。この結果，全ての端末から基幹系と情報系の
各種の処理が一元的に実行できるようになった。

1．2　想定している障害の内容及びその影響

銀行のオンラインでは，センターのサーバなどのコン
ピュータ機器が障害を起こすと窓口の業務が完全にスト
ップしてしまい，その影響は非常に大きい。現在の銀行
業務は，ほとんど全ての処理がコンピュータを前提とし
て処理されており，システムの停止は業務の完全な停止
を意味することになる。

また，ネットワーク回線が障害を起こす可能性につい
ても，考慮しておく必要がある。ネットワークに障害が
あると各支店の端末は一切使えなくなってしまい，銀行
の業務が停止してしまうことになる。提携しているコン
ビニエンスストアなどのATMからの入出金なども行え
なくなり，顧客の日常生活にも大きな影響を与えてしま
うことになる。

＜影響の大きさを強調している。＞

このように銀行の基幹システムは，社会的な影響が非
常に大きいために，障害対策には十分な配慮が必要であ
る。A銀行においてもサーバ，ディスク，ネットワーク

機器全てが多重化されており，障害対策には万全の対策 30
が取られている。
(758字)

2．可用性確保のためのコントロール及び障害対策のた
めのコントロール
　2．1　可用性確保のためのコントロール
　2．1．1　機器の障害に対する可用性の確保
　ホストコンピュータからオープン系のシステムに移行 5
した際に，サーバのクラスタリング構成を採用し，TP
モニターとロードバランサを使うことにより，トランザ
クションが各サーバの負荷状況に応じて，複数のアプリ
ケーション・サーバ（以下，APサーバ）に自動的に振
り分けられる仕組みにした。これにより，1台のAPサ 10
ーバが故障しても自動的にそのサーバを除いて処理が出
来るようになった。また，複数のAPサーバが故障して
全体の処理能力が下がった場合には，各種のバッチ処理
や情報系のサービスを停止して，基幹オンライン処理を
優先させることにより，可用性を高める工夫をしている。15
　またハードディスクの障害に対応するために，ハード
ディスクは全てミラーリングされており，ハードディス
クに障害が発生しても，継続して処理が実行できるよう
になっている。
　2．1．2　ネットワーク障害に対する可用性の確保 20
　ネットワークの障害に関しても万全の対策が求められ
る。具体的には，ルータが二重化されており，VRRP
（Virtual Router Redundancy Protocol）というプロト
コルを使用して，障害時には運用機と予備機が自動的に
切り替えられるようになっている。また，ルータ間の回 25
線自体も二重化されており，1つの回線で障害が発生し
ても，自動的にバックアップ回線に切り替えられるよう
になっている。拠点や支店間のネットワークが問題なく

少し専門用語を使うことにより，リアリティを出そうとしている。

1．2の構成と合わせている。

ここもリアリティを出そうとしている。

午後Ⅰ

午後Ⅱ　問2

ても，拠点や支店内などの LAN 環境に障害が発生する
と，システムの利用が出来なくなる。これに対応するた
めに，LAN 環境においても各スイッチ間の回線を二重化
し，障害に対応できるようにしてある。

２．２　障害対応のためのコントロール

　情報システムに障害が発生した場合には，障害の原因
を分析し，応急対策を講じる必要がある。これを確実に
行うために，Ａ社では障害対応マニュアルが作成されて
いる。障害を発見した社員は，このマニュアルにしたが
って，情報システム部門のサポート窓口に連絡を行う。
サポート窓口の担当者は，障害の内容を分析して，適切
なサポート部門またはベンダに連絡を行う。ベンダのサ
ポート担当者の一部は，Ａ社に常駐しており，これらの
障害に対し迅速に対応できるようにしている。

　障害が発生した場合には，その内容が障害記録に記録
されることになっている。また，ベンダの担当者は定期
的にネットワークやハードウェアのログを分析して，そ
の内容を報告書にまとめている。これらの資料を元に，
情報システム部とベンダ担当者により毎月障害対応会議
が開催され，今後の障害予防対策などが検討される仕組
みになっている。

(1208字)

３．可用性確保及び障害対応の適切性を監査するための手続

３．１　可用性確保のための監査手続

　サーバの障害対策については，オープン系システムに
移行した際のシステム導入計画書を閲覧し，障害発生時
に自動的に障害サーバを切り離して稼働が継続できる仕
組みなっていることを確認する。また，ロードバランサ
や TP モニターの設定を確認して，サーバが障害を起こ
しても，トランザクションがそのサーバを除外して処理

されるようになっていることを確認する。この時に，ＡＰサーバ，データベース・サーバなど，どの種類のサーバで障害が起きても，他のサーバで処理が続行できるようになっていることを確認する。また，過去の障害記録を確認して，サーバの障害発生時に自動的に他のサーバにトランザクションが割り振られて，処理が問題なく続行できていることを確認する。

> 整備状況の確認だけでなく，運用状況の確認も行っている。

　ディスクの障害対策についても，システム導入計画書を閲覧し，ハードディスクをミラー化するようにしているか確認すると同時に，実際のハードディスクの設定を確認してミラーリングの設定がされていることを確認する。これに関しても，過去の障害記録を確認し，ディスク・サーバの障害時に問題なく，処理が続行できていることを確認する。

　ネットワーク障害に関しても，システム導入計画書のネットワークに関する障害対応計画とネットワーク構成図を確認して，ネットワーク機器や回線の障害時に代替のネットワーク機器と回線で処理が続行できるようになっていることを確認する。また，各ルータ，スイッチの設定を確認して，障害時に自動的に他の機器や回線に切り替わるような設定になっていることを確認する。また，過去の障害記録とネットワーク・ログを確認して，ネットワーク機器や回線の障害時に，自動的に代替の機器や回線に切り替わっていることを確認する。

３．２　障害対応の適切性を確認するための監査手続

> 1.2.2.2と構成を合わせている。

　最初に障害対応マニュアルを確認して，障害時の対応手順が明確に定義されていることを確認する。また，組織図と職務分掌を確認して，障害対応マニュアルのとおりの組織体制と役割になっていることを確認する。

　次に，障害記録を確認して，障害発生時に障害対応マニュアルのとおりに対応が行われたことを確認する。情報システム部とベンダのサポート担当者の連携が適切に

行われていることも確認する。また，ネットワークやハードウェアのログを分析して，各種の障害が障害記録や障害報告書に漏れなく記載されていることを確認する。さらに，毎月の障害対応会議の議事録を確認して，適切な障害予防対策が取られていることを確認する。　（1149字）

著者紹介

落合 和雄（おちあい かずお）

コンピュータメーカ，SI ベンダで IT コンサルティング等に従事後，1998 年経営コンサルタントとして独立。経営計画立案，IT 関係を中心に，コンサルティング・講演・執筆等，幅広い活動を展開中。特に，経営戦略及び情報戦略の立案支援，経営管理制度の仕組み構築などを得意とし，これらの活動のツールとしてナビゲーション経営という経営管理手法を提唱し，これに基づくコンサルティング活動を展開中である。また，高度情報処理技術者試験（システム監査，システムアナリスト，プロジェクトマネージャ等）対策講座で多くの合格者を輩出しており，わかりやすく，丁寧な解説で定評がある。即物的な解の求め方を教えるのではなく，思考プロセスを尊重し，応用力を育てる「考える講座」を得意とする。

情報処理技術者システム監査・特種，中小企業診断士，IT コーディネータ，PMP，税理士
著書に，『未来型オフィス構想』（同友館・共著），『IT エンジニアのための【法律】がわかる本』（翔泳社），『IT エンジニアのための【会計知識】がわかる本』（翔泳社），『実践ナビゲーション経営』（同友館）ほか，情報処理技術者試験関係の執筆多数。

装丁：金井 千夏

[ワイド版] 情報処理教科書
システム監査技術者 平成 26 年度 午後 過去問題集

2016年　10月 1日　初 版　第 1 刷 発行（オンデマンド印刷版 ver.1.0）

著　　　者	落合 和雄
発 行 人	佐々木 幹夫
発 行 所	株式会社 翔泳社　（http://www.shoeisha.co.jp）
印刷・製本	大日本印刷株式会社

©2014 Kazuo Ochiai

本書は著作権法上の保護を受けています。本書の一部または全部について、株式会社 翔泳社から文書による許諾を得ずに、いかなる方法においても無断で複写、複製することは禁じられています。

本書は『情報処理教科書 システム監査技術者 2015 〜 2016 年版（ISBN978-4-7981-3849-7）』を底本として、その一部を抜出し作成しました。記載内容は底本発行時のものです。底本再現のためオンデマンド版としては不要な情報を含んでいる場合があります。また、底本と異なる表記・表現の場合があります。予めご了承ください。

本書へのお問い合わせについては、2 ページに記載の内容をお読みください。

乱丁・落丁はお取り替えいたします。03-5362-3705 までご連絡ください。

ISBN978-4-7981-4990-5